AF461256

[BIBLI]OTHÈQUE DU "PROGRÈS AGRICOLE & VITICOLE"

MOD. 697

Le Beaujolais Viticole

[T]ROIS JOURS
en
BEAUJOLAIS

Programme d'Excursions Viticoles

PAR

V. VERMOREL

Directeur de la Station Viticole de Villefranche

VILLEFRANCHE (Rhône)

AU BUREAU DU "PROGRÈS AGRICOLE ET VITICOLE"

1900

Trois Jours en Beaujolais

BIBLIOTHÈQUE DU "PROGRÈS AGRICOLE & VITICOLE"

MOD. 697

Le Beaujolais Viticole

TROIS JOURS

en

BEAUJOLAIS

Programme d'Excursions Viticoles

PAR

V. VERMOREL

Directeur de la Station Viticole de Villefranche

VILLEFRANCHE (Rhône)

AU BUREAU DU "PROGRÈS AGRICOLE ET VITICOLE"

1900

CONSIDÉRATIONS GÉNÉRALES

sur

LE BEAUJOLAIS

Le Beaujolais, par l'étendue de ses vignes et la qualité des vins qu'il produit, a sa place parmi les grands vignobles de France. Peut-être même offre-t-il, sur tous les autres, l'avantage d'une situation absolument privilégiée. Ses sites admirables, ses paysages charmants sont d'un attrait toujours nouveau.

L'ensemble des vignes beaujolaises présente une vaste surface inclinée et irrégulièrement ondulée, formée d'une succession de coteaux et de vallons au fond desquels courent des ruisseaux ou des torrents.

Ces nombreux mamelons, souvent unis et quelquefois isolés, offrent toutes les expositions et affectent toutes les directions, bien que celle de l'Ouest à l'Est prédomine.

La base et les flancs des coteaux les plus élevés sont couverts par la vigne. Au-dessus s'étalent de vertes prairies entrecoupées par des terres labourables ; enfin les sommets sont couronnés par des bois ou des bruyères.

Les ondulations inférieures, les plateaux peu élevés sont complètement tapissés de ceps. Les fonds des vallées et les bords de la Saône, où l'on redoute les gelées, sont seuls livrés à la grosse culture ou couverts de prairies.

Le Beaujolais est divisé en deux grandes sections : le *Haut* et le *Bas-Beaujolais*.

Le Haut-Beaujolais comprend les cantons de Belleville et de Beaujeu et s'étend jusqu'aux limites du département de Saône-et-Loire. C'est dans cette partie que se font les vins les plus distingués et les plus connus.

Le Bas-Beaujolais se compose des cantons de Villefranche, d'Anse et du Bois-d'Oingt ; il produit comparativement plus que le Haut-Beaujolais, mais des vins moins réputés, quoique d'excellente qualité.

***

Le sol consacré à la vigne est de nature variable, suivant les milieux. Le Haut-Beaujolais peut être considéré dans son ensemble comme granitique, schisteux et argileux sans calcaire. Le granite-porphyrique imprégné d'oxyde de fer constitue la majeure partie des sols dans les communes de Chenas, Fleurie, Villié, Régnié, Odenas et Saint-Etienne-la-Varenne.

Dans les mêmes communes, notamment sur les coteaux de Brouilly et de Morgon, on trouve des sols formés de schistes plus ou moins décomposés, depuis l'argile compacte jusqu'à la roche dure.

En d'autres endroits, le granite se trouve mélangé avec le schiste, par bancs d'épaisseur variable et même, en certains points, on passe insensiblement de l'un à l'autre.

Si le Haut-Beaujolais présente dans sa constitution une uniformité relative, il n'en est pas de même dans la partie basse où l'on rencontre des terrains plus variés.

D'abord les alluvions modernes que l'on trouve sur les bords de la Saône, puis des terrains de remaniement. Ces dernières formations portent le nom de *terres à charveyron*, lorsqu'elles renferment, comme à Liergues, Gleizé, etc., un grand nombre de fragments siliceux appelés *charveyrons* dans le pays.

Ensuite viennent les terrains de l'époque secondaire représentés d'abord par le *Bathonien* et le *Ciret*, puis le *Bajocien* et le *Lias*. Cette dernière assise comprend le *Toarcien* et les *Marnes du Lias*. Enfin on trouve le *calcaire à gryphées arquées*.

Les terrains crétacés font complètement défaut.

On retrouve encore, dans cette seconde partie du Beaujolais, des schistes très variables de dûreté et de décomposition.

*
* *

D'après la statistique établie en 1881, par le Comité d'études et de vigilance du département du Rhône, le Beaujolais comprenait, à cette époque, 25.513 hectares de vignes répartis de la façon suivante :

Canton de Beaujeau	5.466	hectares.
Canton de Belleville............	5.537	—
Canton d'Anse..................	3.730	—
Canton du Bois-d'Oingt.........	6.481	—
Canton de Villefranche..........	4.290	—

D'après le cadastre, la surface cultivée en vignes dans le Beaujolais ne s'élevait qu'à 17.700 hectares en 1824 : c'est donc une plus-value de 7.813 hectares, presque un tiers de la surface totale, dans l'espace d'un demi-siècle.

C'est en 1870 que le phylloxéra a fait son apparition en Beaujolais. Les premières taches ont été constatées à Villié-Morgon ; en 1872, on le trouvait à Vauxrenard et, dès ce moment, il envahit rapidement les différents points du vignoble.

Sous l'impulsion du Comité d'études et de vigilance du département, la défense fut rapidement et habilement dirigée dans le Rhône. Le premier Syndicat de défense antiphylloxérique fut créé, à Chiroubles, en 1879. Les résultats encourageants qu'il obtint dès le début stimulèrent encore davantage la formation de ces associations.

Le tableau suivant montre, d'une façon évidente, l'entrain avec lequel les viticulteurs se sont syndiqués dans ce département pour l'emploi du sulfure de carbone.

Années	Nombre de Syndicats	Nombre d'adhérents	Surfaces traitées	
			hectares	ares
1879	1	68	34	33
1880	11	282	213	03
1881	142	3.686	3.585	38
1882	158	4.188	4.992	22
1883	223	4.437	5.346	51
1884	276	7.205	8.335	55
1885	284	9.793	12.154	37
1886	252	7.781	12.473	47
1887	213	8.136	11.369	30

A partir de 1887, le nombre de Syndicats, d'adhérents et d'hectares traités diminue. Néanmoins, en 1889, le département du Rhône occupe encore une place très importante, en France, parmi les vignobles où la lutte directe a été organisée contre le phylloxéra, ainsi qu'en témoignent les chiffres suivants :

	NOMBRE		Superficie subventionnée
	de Syndicats	d'adhérents	
Rhône.....	213	7.528	7.633 hect. 84 ares.
France....	683	21.387	23.922 hect. 75 ares.

Le sulfure de carbone est le moyen de lutte à peu près exclusivement employé dans le Rhône. Le tableau qui suit indique la répartition des traitements pendant les années 1886 et 1887.

Années	Sulfure de carbone	Sulfocarbonate de potassium	Submersion
1886	13.224 hectares.	9 hectares.	2 hectares
1887	13.301 hectares.	17 hectares.	2 hect. 40

L'entraînement et la persistance dans la lutte directe s'expliquent par les bons résultats obtenus, en beaucoup de points, avec le sulfure de carbone. Beaucoup de communes du Beaujolais ont des sols granitiques et légers éminemment favorables à l'action du sulfure : dans ces terres, la diffusion des vapeurs insecticides s'effectue bien, ainsi que l'émission des nouvelles racines.

Mais si, au prix de beaucoup d'efforts et de sacrifices, les viticulteurs du Beaujolais sont parvenus à maintenir dans des conditions suffisamment avantageuses une partie de leur ancien vignoble, les résultats n'ont pas été égaux partout, et, sur bien des points, on a dû renoncer aux traitements insecticides.

Là, on a reconstitué par le greffage des vignes américaines.

Pendant que d'un côté on luttait avec acharnement pour la conservation du vignoble atteint, d'un autre côté on s'occupait de l'étude de la reconstitution avec les vignes résistantes.

Profitant des exemples donnés par le Midi, on a, dès le début, sans trop de fausses manœuvres, utilisé les porte-greffes pouvant convenir aux conditions du milieu.

Au commencement de la reconstitution, on a essayé d'utiliser les producteurs directs, notamment l'othello ; mais depuis longtemps on n'en plante plus et ce dernier, le seul qui ait occupé une surface appréciable, est aujourd'hui arraché pour donner sa place à des vignes greffées.

Les porte-greffes généralement employés sont le Vialla, le Riparia et le Rupestris. On trouve encore, surtout dans le Bas-Beaujolais calcaire, quelques parcelles greffées sur Solonis. Le York, qui a été le porte-greffe de la première heure, est tout à fait abandonné.

En 1892, d'après l'enquête que nous avons faite, le

Beaujolais comprenait 19.112 hectares de vignes conservées ou greffées, réparties de la façon suivante :

Canton d'Anse...............	2.520	hectares.
Canton de Beaujeu..	5.007	—
Canton de Belleville..........	3.489	—
Canton du Bois-d'Oingt......	4.030	—
Canton de Villefranche.......	4.066	—

Actuellement, en 1897, la surface en vignes du Beaujolais doit être au moins ce qu'elle était en 1881, c'est-à-dire avant les grands dégâts du phylloxéra.

Trois Jours en Beaujolais

Il n'est pas un voyageur ou un touriste qui, emporté à toute vitesse dans le train qui le conduit de Mâcon à Lyon, ne jette un regard enchanté sur les jolies montagnes du Beaujolais et n'admire la beauté, la richesse et les cités pittoresques de la vallée de la Saône que suit la voie ferrée du P.-L.-M. De tous ces voyageurs bien peu veulent ou consentent à s'arrêter pour visiter plus longuement les côteaux et les vallées ombreuses qui font de cette admirable contrée un centre d'agréables et charmantes excursions, au milieu des célèbres vignobles qui portent les noms connus de Fleurie, Chenas, Julienas, Villé-Morgon, Brouilly, La Chassagne, etc.

Ce n'est pas à dire cependant que le Beaujolais soit peu connu et peu fréquenté. Mais les routes sont principalement sillonnées par les habitants très nombreux et les voyageurs que leurs affaires appellent chez les propriétaires de vignobles : les touristes sont plutôt rares. Il en est toutefois et c'est à eux que ce petit itinéraire est dédié.

La durée de l'excursion, fixée à trois jours, semble peut-être un peu longue, mais c'est le temps nécessaire pour celui qui voudra « en voiture hippomobile » visiter sérieusement notre séduisante contrée, depuis Anse et Lachassagne au sud jusqu'à Romanèche-Thorins au nord. En « automobile », à « bicyclette », le visiteur doublera s'il lui plaît les étapes et, sans rien omettre, il lui sera loisible de parcourir nos itinéraires en un jour ou un jour et demi.

Première Journée d'Excursion

MATIN. — Villefranche, Anse, Lachassagne, Pommiers, Villefranche . . . . 17 kilomètres

SOIR. — Villefranche, Liergues, Cogny, Lacenas. Denicé, Gleizé, Villefranche. . . . . 19 kilomètres

Total. . . . . 36 kilomètres

De Villefranche à Anse : 6 kilomètres

On quitte la ville par la grande rue à laquelle fait suite la route nationale de Lyon qui, jusqu'à Anse, est bordée de magnifiques platanes formant un dais de verdure ininterrompu du plus charmant effet.

Absolument droite et plane, les chevaux avancent rapidement sur la route qui court entre les hauteurs de Limas et de Pommiers, couvertes de vignes, et les prairies verdoyantes qui s'étendent sur la rive droite de la Saône et que longe la ligne du Paris-Lyon-Méditerranée.

Est-ce à la situation privilégiée due à ses ravissants points de vue ? Est-ce à ses qualités roulières ou bien à la richesse de ses vignobles avoisinants ? Quoi qu'il en soit, un ancien dicton local affirme que c'est

> De Villefranche à Anse
> La plus belle lieue de France.

Le dicton ne semble pas trop exagéré et nous prépare pour le moins à admirer le paysage.

Après avoir dépassé les dernières maisons de la ville, on voit, à droite, un groupe de coquettes habitations dominées par un clocher : C'est Limas que nous traverserons au retour. . . . . .

Sortie de Villefranche. — Le Parasoleil.

Le coteau qui, partant de ce point, s'étend jusqu'à Anse sur une longueur de six kilomètres environ est couvert de vignes. Envahi un des premiers par le phylloxéra il a été aussi un des premiers reconstitués. Le terrain de formation jurassique a donné naissance à des terres argilo-calcaires plus ou moins compactes et caillouteuses se prêtant mal, selon les endroits, à la diffusion des vapeurs de sulfure de carbonne. Aussi, dès le début, a t-on renoncé à la lutte directe contre l'insecte dévasteur pour reconstituer, par greffage du gamai, plant presque exclusif en Beaujolais, sur vignes américaines résistantes.

A trois kilomètres environ de Villefranche on remarque une longue allée bordée de noyers conduisant au Château de Saint-Trys que l'on aperçoit de la route entouré d'un vaste parc et d'un vignoble parfaitement installé avec cellier très vaste. Ces vignes greffées comptent parmi les anciennes de la région.

Avenue du Chateau de Saint-Trys

A quelques minutes plus loin, toujours à droite, se voit un vieux manoir aux tourelles pointues et inclinées; c'est le château ou ferme de la Fontaine qui appartient à l'archevêché de Lyon, à la suite d'un don de mademoiselle de la Barmondière. Cette propriété est en grande partie plantée en vignes.

Ferme de la fontaine à Anse

A gauche, la gare d'Anse, puis, devant nous, s'ouvre la grande rue d'Anse, bordée de maisons proprettes et gaies. Nous laissons à gauche la route de Lyon qui franchit l'Azergues. De l'autre côté de la Saône le village de Saint-Bernard et Trévoux, sous-préfecture de l'Ain, sur la hauteur. Un pont suspendu relie les deux rives de la Saône.

La Grande Rue d'Anse

Anse occupe une position superbe à un kilomètre de l'embouchure de l'Azergues dans la Saône, à un coude de la grande rivière. Malgré ces avantages géographiques, Anse est resté une très petite ville, fort pittoresque d'ailleurs par ses débris féodaux et quelques maisons anciennes. Sous la domination romaine, Auguste fit construire à Anse même un palais dont une tour subsiste encore.

Au moyen-âge, de nouveaux remparts entourèrent la ville de sorte qu'il est assez difficile de distinguer dans les pans

Les Tours d'Anse

de murailles encastrées dans plusieurs vieilles maisons ce qui reste des romains ou de l'époque plus récente. C'est à Anse et dans la plaine environnante que se livra la bataille des légions entre Sevère, reconnu empereur, et Albin, associé à l'empire. Sevère étendait son armée de Lachassagne à Trévoux, avec son centre à Anse, tandis qu'Albin occupait le Mont-d'Or et une partie du plateau de Bresse. Cent cinquante mille hommes se heurtèrent sur ces coteaux qui suivent les contours de la Saône ; Albin perdit la bataille et la vie. Puis vinrent les Sarrazins: ils détruisirent le monastère de Saint-Romain, au pied du coteau de Bassieux, prolongement de celui de Lachassagne; une croix signale aujourd'hui l'emplacement de ce monastère dont l'église réparée magnifiquement par l'archevêque de Lyon, Leydrade, abrita six conciles en moins d'un siècle, de 1028 à 1112.

Le château fort, au milieu de la ville d'Anse, est parfaitement conservé avec les deux tours de trente-cinq mètres de hauteur, il est devenu Mairie, Justice de paix, Ecoles. Il date du XIe siècle et soutint un siège contre le baron des Adrets, en 1562. Dans la salle de la mairie se trouve une belle mosaïque romaine découverte dans un champ voisin.

Enfin Anse fut, en 1814, envahi par les Autrichiens, après la bataille de St-Georges-de-Reneins et la retraite d'Augereau sur Limonest; la ville abandonnée par une partie de ses habitants, fut livrée à toutes les horreurs de la guerre.

Une célébrité singulière s'était attachée à Anse ; elle avait pour cause le four banal où se cuisait le pain de la ville. Les femmes d'Anse, alors connues pour leur beauté, se réunissaient sur une place, devant le four pour attendre leur tour de cuisson, et, comme la route de Paris passait là, elles arrêtaient les voyageurs, les accablaient de quolibets et finissaient par en venir à des voies de fait qui allèrent, dit-on, quelquefois jusqu'à des mutilations fâcheuses. De là le dicton connu pour désigner une effrontée : « Elle est moins que rien : elle a passé devant le four d'Anse. »

D'Anse à Lachassagne : 4 kilomètres

Ayant passé devant la Mairie et l'Hôpital situé à notre gauche, nous suivons maintenant la route qui conduit à Lachassagne. Nous voyons à droite, dominant la ville, le château de Bassieux situé sur un coteau couvert de vignes qui donnent un excellent vin. Les vins d'Anse sont de bons ordinaires, certains crûs donnent d'excellents vins rouges ayant beaucoup de corps et qui acquièrent du bouquet en vieillissant. Parmi les principaux citons : Bassieux, Coq Hérieux, la Citadelle, Grand Pierre. La route toute droite et légèrement montueuse continue durant deux kilomètres et nous prenons alors la route à droite indiquée par un poteau portant sur la plaque « Lachassagne 2 kil. 100. » Nous laissons, à gauche, la commune de Lucenay dont les vignobles,

Le coteau et le château de Bassieux à Anse

plantés en terrains riches et profonds ont une surprenante puissance de végétation. A partir de cet endroit la route monte en serpentant jusqu'à La Chassagne, et la montée ne peut se faire qu'au pas. Ne nous plaignons pas de ce retard car, à chaque tournant, le panorama qui se développe devant nous est de toute beauté et d'une grande étendue. Le Mont-d'Or apparaît isolé au premier plan, se reliant à droite sur les montagnes de Tarare, au pied la large plaine arrosée par l'Azergues qui se glisse en se repliant sur elle-même après de longs détours et coule vers la Saône. Cette rivière si coquette, si gracieusement encaissée, qui donne d'excellentes truites, devient quelquefois, dans la saison des pluies ou au moment de la fonte des neiges, un torrent fougueux qui dévaste tout sur son passage. La rive gauche de la Saône offre à nos yeux Saint-Bernard, petit village de l'Ain, relié à Anse par un pont suspendu et dominé par le vieux château qui commandait ce promontoire projeté par le plateau des Dombes à la rencontre des monts du Beaujolais. Un instant la falaise s'éloigne pour faire place à une étroite plaine herbeuse, traversée par le ruisseau de Formans. Au delà, sur une colline, de hautes tours et des débris de remparts dominent une ville dont

Coteaux de Lachassagne

les maisons descendent en amphithéâtre jusqu'à la Saône. C'est Trévoux la capitale de la Dombes qui, il y a cent trente ans à peine, formait une principauté indépendante comme l'est de nos jours la principauté de Monaco. A l'horizon, par temps clair, scintillent les sommets neigeux des Alpes, de Savoie et du Dauphiné, le massif de Belledone, etc. Nous arrivons à Lachassagne sans nous être

LACHASSAGNE

aperçus de la route, et cependant de tous côtés ce ne sont que vignes verdoyantes et chargées de pampres qui donnent cet excellent vin de La Chassagne si renommé en Beaujolais. Nous traversons le village toujours montant et arrivons à un carrefour où nous laissons souffler les chevaux. La vue s'étend à l'ouest, et les sommets de Saint-Bonnet, de Marchampt, de Brouilly s'estompent dans le lointain. Nous sommes ici à la cote de 400 mètres environ, et nous dominons la vallée de la Saône de plus de deux cents mètres.

A gauche, une petite rue, montant au milieu de quelques maisons nous conduit en cinq minutes à peine au

LACHASSAGNE

La Tour de Lachassagne

pied du mur de la propriété de M. de Mortemart et près de la tour que l'on aperçoit de tous les points de l'horizon.

La propriété est très grande et placée dans un site merveilleux. Le château, très vaste et entouré d'un beau parc est sans style ; de sa terrasse la vue s'étend à l'infini.

Château de Lachassagne

Nous sommes revenus au carrefour et allons suivre la crête de la colline qui va nous conduire à Pommiers, Limas et Villefranche.

De Lachassagne à Villefranche : 7 kilomètres

De quelque côté que se portent nos regards ce ne sont que vignes et propriétés viticoles. Le pays est très riche, plantureux et respire l'aisance.

C'est d'ailleurs l'impression que nous ressentirons durant toute la durée de notre petit voyage en Beaujolais. Les habitations sont d'apparence proprettes, bâties en pierres, couvertes en tuiles, presque toutes ayant un jardinet. La route plane, au sommet du coteau, embrasse à droite la vallée de la Saône, à gauche la chaine des monts du Beaujolais aux sommets boisés et sur plusieurs plans, dont l'altitude varie de sept à neuf cents mètres.

POMMIERS

Nous longeons le village de Pommiers laissant sur notre

gauche, au sommet du mont Buisante, une statue de la Vierge, visible de tous les villages environnants. Nous revoyons à droite le domaine de la Fontaine et le château de Saint-Trys, au pied desquels nous sommes passés le matin en allant à Anse.

La route descend maintenant à Villefranche pendant deux kilomètres ; nous traversons Limas, passant devant l'Eglise, restaurée il y a une quarantaine d'années et précédée d'une place plantée de beaux platanes, à l'est de laquelle on voit une construction

LIMAS

LIMAS. — Vue des Roches

qui faisait partie de l'ancien doyenné des moines de Limas. Un grand nombre de villas couvrent les pentes du Buisante, les propriétés Savigny, Mulaton, Gormand, Châtillon, Berthier, etc., pour finir aux portes de Villefranche où nous rentrons par les Roches où se trouvent la propriété et les usines de M. V. Vermorel.

Il est midi et nous déjeunons en attendant notre excursion de l'après-midi.

Villefranche à Liergues, Cogny, Lacenas, Denicé, Gleizé et Villefranche : 19 kilomètres.

De Villefranche à Cogny : 12 kilomètres

Nous consacrons notre après-midi à la deuxième partie de notre excursion, déja préparés par notre promenade du matin qui nous a permis, du haut de Lachassagne, de nous rendre compte de la topographie et de l'aspect du pays. Nous allons quitter le bord de la Saône pour suivre le Morgon en sortant de la ville et rayonner dans les communes qui se trouvent à l'ouest de Villefranche.

Deux heures. Remontons en voiture et dirigeons-nous vers Liergues et Cogny. Nous partons par la route de Tarare traversant le quartier de la Claire qui, quoique contigu à Villefranche, fait partie de la commune de Gleizé. Nous voyons à droite le Morgon qui fait tourner la roue du Grand-Moulin, vaste minoterie très importante. Un chemin de fer départemental à voie étroite suit la route et conduit à Tarare. Nous traversons, à Sottizon, un carrefour d'où partent des routes sur Chervinges à droite et Les Roches à gauche. La vallée est encaissée entre les coteaux de Chalier et ceux de Chervinges. Au fond, les hauteurs de St-Bonnet et le col de St-Cyr-le-Chatoux qui mène dans la vallée de l'Azergues et vers Lamure. Nous passons au pied de Chervinges et continuons la route qui oblique un peu à gauche. Deux kilomètres plus loin, Liergues apparaît, et, ayant traversé un pont, notre voiture monte au pas la grande rue du village. L'aspect en est séduisant, propre, respirant l'aisance. La vieille église compte plus de trois cents ans.

Arrivés au haut de la côte, à droite, apparaissent des toits rouges, des tourelles, un château et de grandes dépendances dominés par un moulin à vent, pompe à eau, de beaux arbres, le tout entouré d'un superbe vignoble : c'est le château l'Eclair qui appartient à M. V. Vermorel,

Le plateau sur lequel s'étend Liergues est recouvert de cailloutis provenant d'anciens alluvions ; ce sont les terres à « Charveyrons » que l'on retrouve à Lacenas, à Gleizé, etc.

La propriété de l'Eclair est bâtie sur ce terrain. Elle comprend cinquante hectares de vignes reconstituées dont les plus anciennes ont dix-huit ans de greffage, et elle possède un des plus beaux chais et un des mieux aménagés qui existe dans la région. La montée du raisin sur le plancher supérieur des cuves se fait au moyen d'un élévateur mû par l'électricité qui donne aussi l'éclairage. Le transport et la répartition des raisins dans les cuves a lieu avec des wagonnets sur rails.

Nous continuons à suivre la route de Cogny dont nous apercevons l'église devant nous à mi-côte. On descend dans une étroite vallée boisée et on passe près du château du Sou, construit au XIVe siècle. Son nom dérive de sa position au sud de Montmelas. De château du Sud, son nom primitif, il est devenu par corruption le château du

Château du Sou

Sou. A droite, au sommet du coteau, le hameau de St-Paul avec sa vieille chapelle. La route remonte vers

SAINT-PAUL

Cogny par une vallée étroite. L'abside de l'église apparait nettement et, ainsi vue, a véritablement belle apparence.

COGNY

Nous voici sur la place de Cogny et laissons un moment souffler les chevaux. Faisant face à l'est nous

COGNY

voyons la vallée que nous avons suivie et dans le lointain celle de la Saône et la Bresse. Si le temps est clair peut-être verrons-nous les Alpes.

Les terrains de Cogny sont en majeure partie argilo-calcaires; les vignobles détruits par le phylloxéra ont été replantés, et en majeure partie les Solonis et Riparia forment la base de la reconstitution.

De Cogny à Villefranche, par Lacenas, Denicé : 9 kilomètres.

Cogny franchi, nous traversons le hameau de Prégny et prenons la route qui doit nous ramener à Villefranche par Denicé et Gleizé. A la jonction de deux routes se dresse en face de nous une belle habitation qui appartient à M. de Tournon ; ce château restauré est placé dans une position avantageuse et très pittoresque.

Entrée de Denicé

Nous laissons Denicé à notre gauche et nous voyons à notre droite Lacenas dont le clocher est visible de tous côtés. La route est absolument droite jusqu'à Gleizé. Nous laissons à droite le château de Montanzau et plus loin à gauche celui de Vaux-Renard. Nous nous rapprochons de la ville et nous voici longeant les murs du Collège de

Mongré dirigé par les Jésuites et situé dans un parc magnifique. Nous rentrons par la rue de Thizy au cœur

DENICÉ

de Villefranche, libres de nous rendre vers la place de la Sous-Préfecture ou vers la rue Nationale et la Gare.

GLEIZÉ

Fin de la Première Journée

Deuxième Journée d'Excursion

MATIN. — Villefranche à St-Julien, Blacé, Salles, Le Plageret, Vaux, Le Perréon - (*déjeuner*).	18 kilomètres
SOIR. — Le Perréon, St-Etienne la Varenne, Odenas, Charentay, Belleville.	14 kilomètres
Total.	32 kilomètres

Huit heures du matin : En voiture ! Il y a des côtes à monter et les chevaux iront au pas. Nous sortons de la ville par la rue de Thizy et Gleizé. Après avoir dépassé le Collège de Mongré, nous prenons la route de Saint-Julien. On franchit le pont d'Ouilly, sur le Nizerand et jusqu'au hameau de la Grange-Perret, ce ne sont que prairies et terres labourables. Très peu de vignes sont plantées dans ces régions basses où les gelées sont à craindre. Mais bientôt nous gravissons de légères côtes où la vigne reprend ses droits. Nous voyons se détacher nettement le château de Montmelas, qui se trouve un peu au-dessous de la chapelle de Saint-Bonnet. Ce château, vieux manoir féodal, ancienne forteresse des sires de Beaujeu, est parfaitement conservé avec sa double enceinte de remparts crénelés, ses tourelles, son donjon, ses poternes, ses machicoulis et la flèche de sa chapelle.

D'abord séjour favori de Guichard V, que le Dauphiné

fit prisonnier à la bataille de Varey, près Saint-Jean-le-Vieux, Montmelas passa successivement au duc de Nevers, à Charles de Gonzague, à l'écuyer Jean Arod en 1575, et enfin à la famille de Tournon. Il fut restauré par l'architecte Dupasquier, le même qui restaura l'église de Brou, vers 1858. La masse de ses constructions féodales est vraiment imposante sur ce mamelon qui domine toute la plaine. Au-dessus, la chapelle de Saint-Bonnet, et le col de Saint-Cyr-le-Chatoux. De la seigneurie de Montmelas, dépendaient jadis plusieurs communes : Rivolet, Denicé, Macé, Cogny, Lacenas, Saint-Cyr, Chambost-Allières et une foule de fiefs : ceux du Sou, de la Verrerie, de Montauzan, de Bionnay, de Vaux-Renard, de Belleroche, de Talancé, du Collombier, etc.

D'autres châteaux se dessinent de loin en loin sur les

SAINT-JULIEN

bois, mais transformés, appropriés à une nouvelle civilisation, à des besoins nouveaux. Les fossés, comblés, sont devenus des jardins et le pont-levis à fait place à la grille moins lourde et plus élégante.

Durant la promenade que nous allons faire au milieu de ces vignobles, nous verrons souvent de longues constructions, percées de larges portes : ce sont les caves, les chais de ces exploitations viticoles.

Après quelques détours, la route nous conduit par une forte pente, dans une vallée encaissée, arrosée par le Marverand, nous passons sur un pont et sommes à Saint-Julien, qui a donné le jour à un des plus illustres physiologistes de notre siècle et une des gloires de la France, à Claude Bernard.

A gauche de la route, se trouve la place de l'église, au milieu de laquelle on a élevé un monument à la mémoire

L'Eglise de Saint Julien

de Cl. Bernard. C'est un fût de colonne supportant le buste très ressemblant de l'illustre savant vers lequel une statue d'homme tend une guirlande de fleurs. L'ensemble en est très beau, une balustrade de pierres et un massif d'arbustes complètent le monument.

Monument de Claude BERNARD

La maison où est né Claude Bernard se trouve sur la hauteur, à gauche, en entrant dans le village avant de franchir le port.

En face de la place de l'Eglise, se trouve le château de la Rigodière et on peut admirer, à travers la grille d'entrée, de superbes platanes d'une grandeur et d'une grosseur extraordinaires.

Le sol de cette commune est à peu près uniquement

constitué par des limons et cailloutis anciens qui recouvrent la partie moyenne du Beaujolais. Le vignoble de

Maison ou est né Claude BERNARD

Saint-Julien est en grande partie reconstitué en vignes greffées sur Riparia, Viala et Solonis.

En quinze minutes la voiture nous transporte de St-Julien à Blacé que nous traversons. On voit dans le fond, à gauche, un vieux manoir, puis, à quelque distance, la route se bifurque en plusieurs chemins au carrefour du fond de Salles. A notre droite s'élève le beau château de Chamarande, et, continuant notre marche à notre gauche, nous traversons dans toute sa longueur le village de Salles.

Les moines de Cluny, au XIe siècle, avaient fondé à Salles un prieuré. Un sire de Beaujeu y transporte, en 1301, un chapitre noble qui avait été fondé deux siècles plus tôt en faveur des filles des chevaliers partis pour la croisade. La Révolution dispersa les chanoinesses, mais il reste encore une partie des cloîtres avec leurs arceaux, supportés par des colonnes à chapiteaux finement ciselés, la salle capitulaire aux sculptures gothiques et surtout

Entrée de BLACÉ

l'église, très remarquable par son clocher carré à deux étages et à croisées séparées par des faisceaux de colonnes et par son portail orné de figures allégoriques. Autour de la place publique, plantée de vieux arbres, les petites maisons des chanoinesses s'alignent régulières sur même plan.

De tous côtés ce ne sont que vignes très bien tenues. La vallée au fond de laquelle nous nous trouvons, est étroite et boisée, très jolie et charmante. Les chevaux se mettent au pas et par un long circuit nous nous élevons jusqu'au Plageret, qui est situé au sommet même de la côte. Il n'y a que quelques maisons.

Pendant que les chevaux soufflent, nous grimpons au sommet de la colline herbeuse qui est voisine, et avance comme un promontoire vers l'est. Du sommet, que nous atteignons en quelques minutes, nous jouissons d'un superbe panorama, qui nous dédommage largement de notre légère fatigue.

Devant nous, la vallée de la Saône, absolument admirable, avec le plateau de la Bresse et les Alpes. Si le temps est clair, on peut apercevoir les clochers de la cathédrale de Bourg. De tous cotés, ce ne sont que villages, hameaux, tassés les uns près des autres, formant autant de taches blanches tranchant sur la verdure. La vue s'étend sur un magnifique paysage. La plaine du Beaujolais apparait tout entière au pied des hautes montagnes, boisées à leurs sommets, dont les croupes s'allongent en pentes douces, chargées de culture et de vignobles. On voit depuis Villefranche à notre droite, jusqu'à Mâcon à notre gauche. Au nord, une seule montagne se détache, isolée comme une sentinelle perdue : Brouilly portant à son cône pointu, une chapelle gothique dominée par une haute statue de la Vierge, dont la silhouette nous suivra pendant toute notre excursion en Beaujolais. Brouilly est un lieu de pélerinage, qui attire le 8 septembre une foule de gens. Nous passerons au pied de cette colline dans notre troisième journée d'excursion en allant à Saint-Lager.

Jusqu'à Vaux et au Perréon, où nous allons déjeuner, la route descend en longs circuits dans la vallée de la Vauxonne, que nous franchissons près d'un établissement thermal. Nous tournons à droite et à un kilomètre de là nous entrons à Vaux.

Entrée de VAUX

Le village est haut perché, dominé à son tour par des sommets de huit à neuf cents mètres d'altitude. C'est au point de vue viticole, une des communes les plus importantes du Beaujolais. Vaux possédait, avant le phylloxéra, sept cents hectares de vignes dont la plus grande partie ont été maintenus par des traitements au sulfure de carbone. On a cependant reconstitué avec des plants américains, et, dans ce sol granitique sec et sans profondeur, les Vialla et les Rupestris sont les types de choix. Il est possible de comparer dans ce lieu les résultats obtenus par la défense directe contre le phylloxéra, d'une part, et la reconstitution sur vignes résistantes, d'autre part.

Le village traversé, nous descendons vers Le Perréon distant de deux kilomètres et où nous allons nous arrêter pour déjeuner.

Créée récemment par la division de la partie septentrionale de la commune de Vaux, la commune du Perréon est importante et située dans un beau site. Le pays est riche, plantureux, le vin abondant et bon, nous n'avons

LE PERRÉON

qu'à nous louer de l'excellent déjeûner servi sous la tonnelle de l'hôtel Pition sur la place de l'Eglise. Aussi est-ce avec une certaine gaité et pleins d'entrain que, malgré une étouffante chaleur, nous remontons en voiture pour continuer notre promenade et nous diriger vers Belleville où nous coucherons.

De Perréon à Belleville, par St-Etienne-la-Varenne, Odenas, Charentay : 14 kilomètres.

La route que nous suivons va nous conduire en pente douce dans la plaine, à Odenas. Nous quittons donc le flanc des collines après avoir contourné le bourg de St-Etienne-la-Varenne perché comme une citadelle au sommet d'un mamelon. Nous apercevons le vieux donjon du château des Tours, St-Etienne-des-Ouillères, les châteaux de Pougelon et de Netty. Nous arrivons à Odenas

ODENAS

où nous voyons à gauche le magnifique domaine de la Chaise, bâti en 1680, portant le nom du capitaine des Gardes, neveu du célèbre confesseur de Louis XIV, appartenant actuellement à la famille de Montaigu, et où le maréchal de Mac-Mahon passa son enfance. On remarque, à l'intérieur, les appartements du Roi, de la

Reine et du père La Chaise lui-même, soigneusement conservés.

Le bourg d'Odenas traversé, nous prenons en face de l'Ecole, à notre droite, la route qui conduit à Charentay. Nous contournons le versant sud du coteau de Brouilly (485 mètres d'altitude). Ce sont dans les vignes qui nous entourent que furent, en Beaujolais, faites les premières plantations de vignes greffées. A mesure que nous nous rapprochons de la Saône, devant nous, se dresse un magnifique amphithéâtre : pendant que la chaine du Lyonnais se continue vers Chenelette et Monsols et plus près vers Marchamp et Beaujeu, les monts du Mâconnais, ceux de St-Jacques, de Prusilly et de Solutré étendent leurs premiers rameaux.

Grande Rue de BELLEVILLE

Nous traversons Charentay, en route vers Belleville que nous apercevons au loin. Sur la commune de Charentay se trouvent de très nombreuses et très belles vignes greffées.

Nous touchons à Belleville où nous allons passer la soirée et la nuit. Libre est le voyageur de s'arrêter dans les hôtels qui sont près de la gare ou à la Croisée de Belleville, ou d'aller au cœur même de la ville à deux kilomètres de la gare. Dans ce cas, nous suivons la Grande Rue dont l'aspect semble indiquer une très importante cité. Ce n'est qu'une façade, le vrai Belleville est plus loin, très joli, très vivant, d'apparence prospère, mais peu étendu.

Le territoire de Belleville est principalement composé de prairies et de terres labourables et fort peu d'hectares sont en vignes. La ville cependant ne vit que du commerce des vins. Ses caves sans nombre, où viennent s'entreposer les vins de la plus grande partie du Beaujolais, lui donnent une importance commerciale considérable, plus grande peut-être encore, avant la création du chemin de fer, et alors que les transports se faisaient par la Saône et que le port de Belleville était si animé. De même que Villefranche-sur-Saône, Belleville-sur-Saône n'est pas sur la rivière et le port est à un kilomètre environ de la ville.

Il est encore très important et la batellerie de la Saône, ainsi que les bateaux à vapeur de Chalon-sur-Saône à Lyon, y font escale. Un bassin formé par un môle, abrite les chalands et remorqueurs et permet l'embarquement facile des marchandises. Il faut faire remarquer ici que les transports par eau sur la Saône, entre Lyon et Chalon, sont, pour le commerce, beaucoup plus rapide que par chemin de fer, les délais de livraisons que se réserve la compagnie P.-L.-M. étant très longs et le prix du frêt moins élevé. Aussi, beaucoup de négociants, de fabricants, d'usiniers, préfèrent-ils employer les transports par la Saône pour les villes arrosées par cette belle rivière, qui peut rivaliser avec beaucoup de nos fleuves. Un pont suspendu domine le port ; de là, on a une vue superbe sur les monts du Beaujolais, dont la ligne régulière se dresse au-dessus de la terrasse des vignobles.

Sur l'autre rive, le paysage est plus intime, un rideau de petites collines bordent la Saône. La vieille tour de Thoissey, la tour et l'église de Montmerle commandent ce paysage tranquille, et le département de l'Ain se présente à nous sous un aspect charmant.

Près du port est le hameau de l'Abbaye, là où existait jadis une célèbre abbaye royale où se tint un concile.

L'église de Belleville mérite une visite. Elle est de style romans byzantin bien conservée, et fut construite au XIe siècle. C'est un des édifices les plus intéressants du Beaujolais.

M. Arduin-Dumazet, dans son *Voyage en France*, 7e série, dit : « Les sobres chapiteaux, de ce qu'on pourrait appeler le style de Cluny, ont fait place à de malicieuses images, comme en ont tant de monuments de la première période gothique. Ces chapiteaux vivent : il y a là des musiciens qui semblent sortir de la pierre pour se faire entendre, des gens à qui on coupe la langue, des blasphémateurs sans doute, des bêtes de l'apocalypse, bien d'autres choses encore, assez inattendues dans une église romaine. »

Fin de la deuxième journée.

Troisième Journée d'Excursion

Belleville, Saint-Lager, Durette, Beaujeu, Regnié, Villé-Morgon, Chirouble, Fleurie et Romanèche-Thorins. — Total 33 kilom.

Après avoir suivi la grande rue de Belleville, passé « la Croisée » qui est la traverse de la route nationale de Paris à Lyon, franchi le passage à niveau du chemin de fer, nous montons la route qui conduit à Beaujeu et dont la pente n'est pas très rapide ; de belles propriétés la bordent ainsi que de beaux arbres qui forment un toit de verdure, à 4 kilomètres, après une descente, nous prenons à gauche la route qui nous conduit à Saint-Lager au pied de la colline de Brouilly que nous voyons aujourd'hui par son côté Nord et Sud. Elle semble surplomber la plaine de toute sa hauteur de 485^{m} au-dessus du niveau de la mer ; mais nous devons noter cependant que la plaine environnante est à 250 en moyenne d'altitude. Ce qui fait, en somme, que Brouilly ne domine les environs que de 140 mètres environ. Sa situation isolée d'une forme si régulière fait penser à une hauteur double.

Pour le touriste viticulteur, nous ajoutons que Saint-Lager, avant le phylloxéra en 1870, comprenait 500 hect. de vignes. Aujourd'hui, la reconstitution du vignoble est complètement achevée. Les vignes greffées de 15, 16 et

17 ans ne sont pas rares. Les vins des coteaux de Brouilly sont classés parmi les meilleurs du Beaujolais.

Regagnant à Cercié, la route de Belleville à Beaujeu, nous traversons le village fort bien situé et nous continuons durant 3 kilomètres à rouler vers la station de Quincié-Durette. Sans nous y arrêter, nous laissons à notre droite le chemin de Regnié que nous reprendrons plus tard et nous remontons la vallée de l'Ardières, dont les rives se resserrent à mesure que nous approchons de Beaujeu, distant de la gare de Durette de 6 kilomètres environ.

Beaujeu, qui a donné son nom à la région du Beaujolais, ne fait pas grande impression avec sa longueur bordée de constructions banales, grises, sans caractère ; l'aspect est morne. Il y a cependant une certaine animation, grâce aux diligences qui viennent de tous les points de la montagne prendre ou amener les voyageurs.

Beaujeu est un centre pour une partie du haut Beaujolais et un dépôt pour les vins ; il y a aussi d'importantes tanneries. Au point de vue historique, il ne reste que l'église Saint-Nicolas.

Quant à la cité féodale, résidence des Sires de Beaujeu, plus de deux siècles se sont écoulés depuis que sont tombés les murs crénelés et les tours solides du château.

Pour nous rendre à Regnié, deux routes s'offrent à nous, l'une par Durette, c'est-à-dire revenir sur nos pas jusqu'à la gare devant laquelle nous sommes passés, c'est la meilleure; l'autre, par Lantigné n'est qu'un chemin d'intérêt commun et présente quelques lacunes.

Quant à nous, nous sommes revenus à Durette où, ayant traversé la voie du chemin fer, nous avons franchi l'Ardières sur un pont d'où l'on a une fort jolie vue en sous bois sur la claire rivière aux eaux limpides, bordée de hauts arbres.

La route montre ensuite et, de loin, nous voyons les

Eglise de Reignié

tours blanches carrées de l'Eglise de Reignié. Ce village respire l'aisance, la richesse même, toutes les maisons sont propres, blanches, la rue bien tenue avec son trottoir étroit. Des vignes couvrent les coteaux avoisinants sur une étendue de plus de huit cents hectares. Nous sommes ici, jusqu'à Villé, Morgon et Fleurie, dans la partie du Beaujolais dont les vins sont les plus renommés. Aussi ne peut-on s'empêcher d'admirer la parfaite tenue des vignobles.

La route nous conduit dans une petite vallée arrosée par le ruisseau d'Ardevet, que nous traversons sur un pont, et, après quelques détours, nous arrivons sur un plateau où nous passons près du Bas Morgon, en croisant l'ancienne route romaine d'Autun à Lyon, avant d'entrer dans Villé-Morgon qui est une petite ville coquette et animée.

BAS MORGON

Deux bons hôtels permettent aux touristes de déjeuner parfaitement et de se reposer de l'excursion faite depuis Belleville.

Villé-Morgon est une des plus riches communes viticoles du Beaujolais et au centre des vignobles les plus renommés de notre région.

C'est à Morgon, qu'en 1870, ont été constatés les premiers foyers phylloxériques du Beaujolais. On ne s'aperçoit plus aujourd'hui des dégâts causés par cette invasion, grâce à une reconstitution habilement conduite.

Nous repartons pour Chiroubles, par une route montante qui suit le ruisseau de Douby, et nous arrivons à Tempéré, propriété du célèbre ampélographe V. Pulliat, mort en 1897. Chiroubles est devant nous étageant ses maisons sur les flancs du coteau. D'ici la vue est très étendue sur la vallée de la Saône et la Bresse.

Pour atteindre Fleurie, séparée de Chiroubles par une suite de collines, il faut, par un long détour, regagner la route de Villé-Morgon à Fleurie au lieu appelé Grand-Pré. On traverse le ruisseau de Presles et on arrive à Fleurie par la grande rue qui débouche sur la place de l'Eglise au fond de laquelle se trouve la mairie. Comme dans toutes les communes Beaujolaises viticoles importantes, le voyageur est étonné de l'apparence heureuse et prospère des petites villes qui respirent l'aisance et même la richesse. A Fleurie, comme à Villé-Morgon, il y a de beaux magasins de meubles, de tissus, ce qui indique que les vignerons ne dédaignent pas de dépenser pour se procurer l'utile et même l'agréable. Il existe à Fleurie d'anciennes vignes françaises ; néanmoins, la reconstitution, à l'aide de vignes américaines, a fait son chemin. Actuellement bon nombre de propriétaires replantent en vignes greffées et utilisent comme porte-greffes le Riparia, le Vialla et le Rupestris suivant les terrains.

De Fleurie à Romanèche : 5 kilomètres

La route, en pente douce, nous conduit à la gare de Romanèche où prend fin l'itinéraire de notre troisième journée. Nous sommes ici sur la limite de séparation des départements du Rhône et de Saône-et-Loire. A gauche, nous apercevons le toit pointu et les ailes du célèbre « Moulin à Vent » qui a donné son nom aux produits

vinicoles des coteaux qui avoisinent la gare de Romanèche-Thorins sur le territoire de Saône-et-Loire. Bien que placés administrativement en Mâconnais, ces vignobles du « Moulin à Vent » donnent des vins qui sont considérés comme beaujolais. De tous côtés ce ne sont que des vignes occupant la plaine et ne laissant pas place pour une autre culture. En regardant au Nord, vers Mâcon, nous voyons distinctement la Roche de Solutré, si connue pour ses débris d'ossements préhistoriques, que les anthropologistes estiment être ceux de plus de trente mille chevaux ou rennes....... Quel appétit !

Le lecteur qui a bien voulu nous suivre pourra, de Romanèche-Thorins, aller par la voie ferrée à Mâcon ou à Lyon. Dans l'itinéraire que nous avons tracé et suivi nous-même, nous avons eu en vue des excursions *en voiture*. Avec un « automobile » il sera facile de marcher plus vite et de voir en un jour les sites que nous que nous avons décrits.

En laissant de côté la première partie de la première excursion, Anse et Lachassagne, on peut partir par Saint-Julien, Blacé, Salles, le Plageret, Vaux, Le Perréon, Odenas, Quincié, Durette, Beaujeu. (Déjeuner). Retour par Durette, Regnié, Ville, Morgon-Fleurie, Romanèche, Thorins.

Ou encore :

Villefranche, Liergues, Lacenas, Rivollet, au pied de Montmelon, gravir la montée de Saint-Cyr-le-Châtoux, redescendre vers Vaux, le Perréon, et suivre comme ci-dessus. A Saint-Cyr on se rend, à droite, au col de Saint-Bonnet d'où la vue est vraiment merveilleuse, 680 mètres d'altitude.

———✳———

Villefranche-sur-Saône

Sous-préfecture, la seule d'ailleurs du département du Rhône, Villefranche n'est éloigné de Lyon que de 26 kilomètres. Ainsi que son nom l'indique, la ville, créée par les sires de Beaujeu, eut à ses débuts la jouissance de quelques franchises octroyées par Guichard I en 1151. Plus d'un siècle après, Humbert III voulant appeler la population dans la nouvelle ville, concéda à ses habitants des privilèges plus étendus. Villefranche a toujours souffert des mêmes maux que le Beaujolais dont elle était la capitale, des mêmes désastres que Lyon dont elle est si rapprochée. Elle fut dévastée, en 1562, par le baron des Adrets qui vint l'attaquer après son entrée à Lyon, quelque temps après la peste décima ses habitants. Ses franchises ne furent pas plus respectées que sa tranquillité, et elle fut obligée de s'adresser au roi pour la faire garantir contre les violations des sires de Beaujeu.

Villefranche a renversé ses vieux remparts dont il reste à peine quelques vestiges dans les rues étroites qui avoisinent la rue nationale. La ville s'étend sur une longueur de plus de deux kilomètres, de la porte d'Anse à celle de Belleville, dénominations qui ont été conservées bien que les portes de la ville aient depuis longtemps disparu avec les anciens remparts. La Grande Rue descend vers le parvis de l'Eglise dont les dalles, vulgairement appelées calades, ont valu aux habitants le surnom de Caladois. Notre Dame des Marais, des XIVe et XVe siècles est classée parmi les monuments historiques. Elle est située dans un bas fond, un peu au-dessous même du niveau de la rue, au milieu d'anciens marais formés par le Morgon qui est aujourd'hui recouvert.

Presqu'en face de l'Eglise se trouve l'Hôtel de Ville, vieille maison datant de la Renaissance, dont la façade a un certain cachet.

Villefranche est un important centre commercial et l'animation y est très grande le lundi, jour de marché. Outre la ligne du chemin de fer P. L. M., un chemin de fer sur route conduisant à Tarare et à Monsols, et se rattachant aux chemins de fer départementaux de l'Ain, est en construction.

La population est de 14.000 habitants.

La Saône est distante de deux kilomètres de Villefranche dont le port s'appelle port de Frans, du nom du village situé sur la hauteur en face, de l'autre côté de la rivière. — C'est une escale importante pour les bateaux qui relient Lyon à Chalon-sur-Saône. Les grandes usines de la Société des Blanchiments sont sur le port. — Un nouveau pont en construction destiné au passage du chemin de fer départemental relie le port de Frans à Jassans-Riottier, sur la rive gauche de la Saône dont les coteaux portent de nombreuses villas et quelques beaux châteaux, entre autres celui de Beauregard.

Bourg (Ain), imprimerie Francisque ALLOMBERT

www.ingramcontent.com/pod-product-compliance
Ingram Content Group UK Ltd.
Pitfield, Milton Keynes, MK11 3LW, UK
UKHW021012180726
13838UKWH00004B/1526